U0385997

冰盒
造型饼干

赖琬茹 ◎ 主编

黑龙江科学技术出版社
HEILONGJIANG SCIENCE AND TECHNOLOGY PRESS

前言
Preface

　　手工饼干比起一般机器饼干，多了许多手感的温度，以及烘焙者最真诚的心。设计师出身的我，因热爱甜点和手上的温度，一头栽入饼干的世界，希望结合设计和烘焙，用最真诚的心和细腻双手教大家做甜点。

　　本书利用多样的天然色粉，创作出多彩多姿的各色面团，为手工饼干增添可爱的样貌，疗愈你我身心。期盼通过丰富的图片与简明的文字，完整呈现制作过程，引领读者一同进入烘焙世界，从中体会手工制作的乐趣，让可爱的饼干带来生活中的小确幸，用香甜的饼干温暖每个小日子！

　　　　　　　　　赖琬茹

目录
Contents

冰盒饼干
Icebox Cookies 入门

冰盒饼干
Icebox Cookies 进阶

压模饼干
Rolled Cookies

面团做法

白色／原味面团

▱ 材料

无盐黄油	120 克
糖粉	70 克
低筋面粉	240 克
鸡蛋	1 个
奶粉	15 克
泡打粉	2 克

▱ 做法

黄油室温软化至可按压的状态。

糖粉过筛与软化黄油一起放入钢盆。

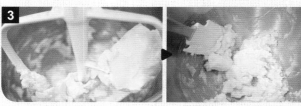

一起打发，过程中要用刮刀将钢盆边缘的粉料和黄油刮下，才能均匀打发。

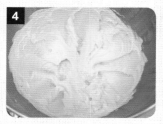

打发至黄油呈现微白色且为羽绒状。

鸡蛋打散。

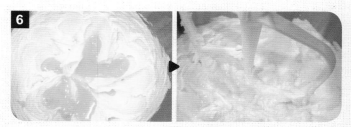

分2或3次加入打发的 **4** 内，每次加入都要尽量拌匀、蛋液完全吸收才可加入下次蛋液。

完成如图的细致黄油糊。

把粉类（如奶粉、泡打粉、低筋面粉）倒入另一容器内。

一起过筛入 **7** 的黄油糊内。

搅拌至没有干粉的面团状即可。

放冰箱冷藏饧一晚，面团会变得较易操作。

🍪 彩色面团

同"原味面团"做法，将"奶粉 15 克"替换成天然色粉末，在做法 8、9 与粉类一起混合过筛，其他步骤皆相同。

黄色／南瓜粉 15 克
或姜黄粉 10 克

绿色／抹茶粉 10 克

红色／红曲粉 10 克

粉红色／草莓粉 15 克

浅棕色／肉桂粉 8 克

黑色／竹炭粉 8 克

紫色／芋头粉 15 克

棕色／可可粉 15 克

橘色／黄金奶酪粉 10 克

糖霜做法与基本画法

🍭 糖霜做法

材料：蛋白粉 10 克、糖粉 170 克、水 25~35 毫升、各种食用色膏适量、裱花袋

步骤：

1. 蛋白粉和糖粉一起过筛到钢盆内，将水慢慢加入，用刮刀先拌匀。
2. 使用搅拌机打发做法 1，搅拌至糖霜呈现光泽感、无颗粒且滑顺即可。
3. 以食用色膏加入做法 2 调色后，装入裱花袋内即可使用。

🍭 圆点

糖霜垂直，定点慢慢用力挤出圆点，根据力道大小，可挤出不同大小的圆。

🍭 水滴

先画出圆点后，力道由下往上慢慢变小，收尾即可成水滴造型。

🍭 椭圆

糖霜由中间定点挤出后，左右来回慢慢加大成椭圆状。

🍭 直线

由左至右，水平慢慢上抬拉出线条，到达合适长度后，再往下收尾。

🍭 曲线

由左往右慢慢拉出曲线，每画出一个小曲线，中间停顿一下再继续下个小曲线。

如何使用本书

面团颜色标示：可快速查询所使用的面团颜色

白 | 糖 | 红 | 橘 | 黄 | 绿 | 蓝 | 浅棕 | (棕) | 黑 | 可可 ── Icebox Cookies

饼干类型标示：全书分为
"Icebox cookies"（冰盒饼干）
"Rolled Cookies"（压模饼干）

做法

1

将白色面团搓成 15 厘米长的

2

放进定型容器里，冷冻 15 分钟，使其变硬。

3
将棕色面团搓成 15 厘米长的圆柱。

4

在保鲜膜上擀成 15 厘米 × 14 厘米棕色面皮。

面团

棕色 / 可可 180 克 ──●
白色 / 原味 130 克 ──●

装饰
黑色糖霜
白色糖霜

分解图

面团

将变硬的白色圆柱放在棕色面皮中央。

6

拉起保鲜膜，用棕色面皮前后包覆白色圆柱后滚圆。

7
冷冻最少 1 小时，使其完全变硬后切成 0.5 厘米厚的薄片，放入已预热烤箱以 170℃烘烤12 ～ 15 分钟。

8

用黑色糖霜画出眼睛。

装饰

9

用黑色糖霜如图画出鼻子及嘴巴。

完成
贴上 2 个白色三角形翻糖的耳朵，完成！

秘技

只要把保鲜膜中心·纸轴剖半，就能当作定型容器使用了！

23

· 成品图

· 所需面团及装饰标示

· 分解图：上方为面团断面组合图，
  下方为糖霜等装饰

做法：由左而右，由上而下地逐一分解

如同制作花寿司,
将各种颜色、形状的面团组合,
经冷冻定型、切片烘烤及装饰,
缤纷香脆的小饼干就完成了!

超 人 气

冰◆盒◆饼◆干

Icebox Cookies 入门

好吃！呱呱！

⊓ | 面团

白色 / 原味　　90 克　——

绿色（大）/ 抹茶　180 克　——

绿色（2 小）/ 抹茶　各 10 克　——

⊓ | 装饰

蛋白或水
黑色糖霜
白色糖霜

入门

大眼仔

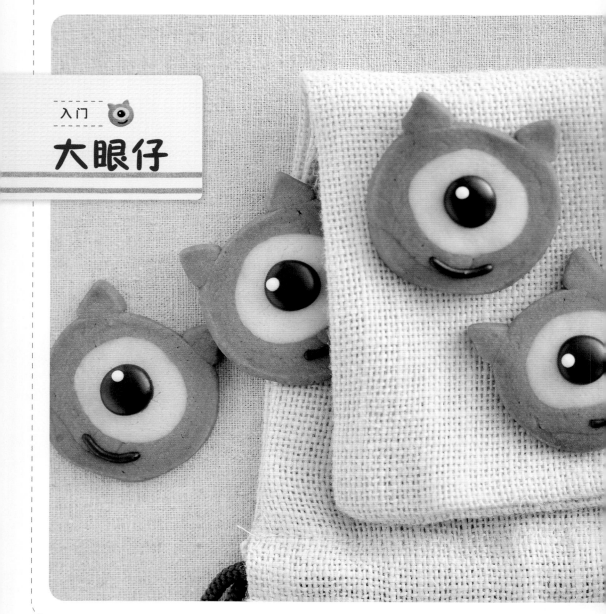

分解图

面团

装饰

做法

1

将 2 个绿色小面团分别搓成 15 厘米长的长条。

2

捏起长条上方做成三角柱状，冷冻 15 分钟，使其变硬。

3

将白色面团搓成 15 厘米长的圆柱，放进定型容器里，冷冻 15 分钟，使其变硬。

4

将绿色大面团搓成 15 厘米长的圆柱，在保鲜膜上擀成 15 厘米 ×12 厘米绿色面皮。

5

将变硬的 **3** 放在擀平的绿色面皮中央。

6
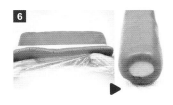
拉起保鲜膜，用绿色面皮前后包覆白色圆柱后滚圆，冷冻 15 分钟，使其变硬。

7

取出变硬的绿色三角柱，在一面抹上蛋白（或水），然后分别粘在变硬的 **6** 上。

8

冷冻最少 1 小时至完全变硬后切片，厚度约 0.5 厘米。

9

放入已预热烤箱，以 170℃烘烤 12 ~ 15 分钟。出炉后用黑色糖霜画上眼睛，待干。

完成

等眼睛干后，在表面用白色糖霜挤上圆点，用黑色糖霜画出嘴巴，完成！

入门

多摩君

面团

棕色 / 可可 200 克 ——

红色 / 红曲 80 克 ——

装饰　黑色糖霜
　　　　白色糖霜

分解图

面团

装饰

做法

1

将红色面团搓成 15 厘米长的圆柱。

2

塑形成长方体后冷冻 15 分钟，使其变硬。

3

将棕色面团搓成 15 厘米长的圆柱。

4

在保鲜膜上擀成 15 厘米 × 14 厘米棕色面皮。

5

将变硬的 **2** 放在擀平的棕色面皮中央。

6

拉起保鲜膜，用棕色面皮前后包覆红色长方体，面皮交错位置在上方。

7

完成后如图，保鲜膜包裹后冷冻最少 1 小时至完全变硬。

8

变硬后切片，厚度约 0.5 厘米，放入已预热烤箱以 170℃烘烤 12 ~ 15 分钟。

9

烘烤后利用黑色糖霜画上眼睛。

完成

最后用白色糖霜画上牙齿，完成！

黑眼豆豆

📑 | 面团

黑色 / 竹炭 150 克 ──●

白色 / 原味 160 克 ──○

📑 | 装饰　黑色糖霜
　　　　　白色糖霜

📑 | 分解图

面团

装饰

📑 | 做法 - - - - - - - - - - - - - - - -

1

将黑色面团搓成 15 厘米长的圆柱。

3

将白色面团搓成 15 厘米长的圆柱。

5

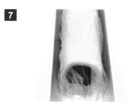

将变硬的 **2** 放在擀平的白色面皮中央。

7

保鲜膜包裹后放进定型容器里，冷冻最少 1 小时至完全变硬。

9

用黑色糖霜画上四周的绒毛状，并用白色糖霜画上眼睛，一眼干后才能画另一眼。

2

放进定型容器里，冷冻 15 分钟，使其变硬。

4

在保鲜膜上擀成 15 厘米 × 12 厘米白色面皮。

6

拉起保鲜膜，用白色面皮前后包覆黑色圆柱后滚圆。

8

变硬后切片，厚度约 0.5 厘米，放入已预热烤箱以 170℃烘烤 12 ~ 15 分钟。

完成

待白色糖霜干后，用黑色糖霜画上眼珠，完成！

消暑西瓜

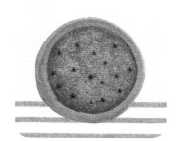

面团

红色 / 红曲 190 克 ——

绿色 / 抹茶 90 克 ——

装饰　黑色糖霜

分解图

面团

装饰

※ 剖面西瓜的籽是小圆点，片状西瓜的籽是水滴状。

做法

1 将红色面团搓成 15 厘米长的圆柱。

2 放进定型容器里，冷冻 30 分钟，使其变硬。

3 绿色面团搓成 15 厘米长的圆柱。

4 在保鲜膜上擀成 15 厘米 × 14 厘米绿色面皮。

5 将变硬的 **2** 放在擀平的绿色面皮中央。

6 拉起保鲜膜，用绿色面皮前后包覆红色圆柱，滚圆。

7 完成后如图，保鲜膜包裹后放进定型容器里，冷冻最少 1 小时至完全变硬。

8 变硬后切片，厚度约 0.5 厘米（剖面西瓜造型）。

9 若要片状造型可对切一半，再次对切可做小片状造型。

完成 放入已预热烤箱以 170℃烘烤 12 ~ 15 分钟，再用黑色糖霜画上西瓜籽，完成！

入门

猕猴桃

面团

棕色 / 可可	80 克
绿色 / 抹茶	200 克
白色 / 原味	50 克

装饰　黑色糖霜

分解图

面团

装饰

做法

1

将白色面团搓成 15 厘米长的圆柱，放进定型容器里，冷冻 15 分钟，使其变硬。

2

将绿色面团搓成 15 厘米长的圆柱。

3

在保鲜膜上擀成 15 厘米 ×9 厘米绿色面皮。

4

将变硬的 **1** 放在擀平的绿色面皮中央。

5

拉起保鲜膜，用绿色面皮前后包覆白色圆柱后滚圆，冷冻 15 分钟，使其变硬。

6

将棕色面团搓成 15 厘米长的长圆柱。

7

在保鲜膜上擀成 15 厘米 ×15 厘米棕色面皮。

8

将 **5** 放在擀平的棕色面皮中央，前后包覆 **5** 后滚圆，冷冻最少 1 小时至完全变硬。

9

变硬后切片，厚度约 0.5 厘米，放入已预热烤箱以 170℃烘烤 12 ~ 15 分钟。

完成

用黑色糖霜画上水滴状的籽后，完成！

可可狮

📍｜面团

棕色 / 可可　180 克 ——— ●

白色 / 原味　130 克 ——— ○

📍｜装饰　黑色糖霜
　　　　　白色糖霜

📍｜分解图

面团

装饰

📍｜做法 —

将白色面团搓成 15 厘米长的圆柱。

放进定型容器里，冷冻 15 分钟，使其变硬。

将棕色面团搓成 15 厘米长的圆柱。

在保鲜膜上擀成 15 厘米 × 14 厘米棕色面皮。

将变硬的白色圆柱放在棕色面皮中央。

拉起保鲜膜，用棕色面皮前后包覆白色圆柱后滚圆。

冷冻最少 1 小时，使其完全变硬后切成 0.5 厘米厚的薄片，放入已预热烤箱以 170℃烘烤 12 ~ 15 分钟。

用黑色糖霜画出眼睛。

用黑色糖霜如图画出鼻子及嘴巴。

完成

贴上 2 个白色糖霜做的三角形耳朵，完成！

企鹅宝宝

Icebox Cookies

面团

紫色 / 芋头 180 克 ——

白色 / 原味 130 克 ——

装饰 黑色糖霜
黄色翻糖

分解图

面团

装饰

⌐ 做法 - - - - - - - - - - - - - - - - - -

1

将白色面团搓成 15 厘米长的圆柱。

2

放进定型容器里，冷冻 15 分钟，使其变硬。

3

将紫色面团搓成 15 厘米长的圆柱。

4

在保鲜膜上擀成 15 厘米 × 14 厘米紫色面皮。

5

把变硬的 **2** 放在擀平的紫色面皮中央。

6

拉起保鲜膜，用紫色面皮前后包覆白色圆柱后滚圆。

7

放进定型容器里，冷冻最少 1 小时，使其完全变硬。

8

切成 0.5 厘米薄片，放入已预热烤箱以 170℃烘烤 12 ~ 15 分钟。

9

用黑色糖霜画上眼睛。

完成

用黄色翻糖做出的手脚及嘴巴贴上，完成！

15

爱心

⌐|面团

紫色/芋头 170克—

粉红色/草莓 140克—

⌐|分解图

面团

⌐|做法 -----------

1

将粉红面团搓成15厘米长的圆柱。

3

将竹签的一侧朝下，用手指捏起上方做成尖角。

5

将紫色面团留下少许部分，其余搓成15厘米长的圆柱，在保鲜膜上擀成15厘米×14厘米紫色面皮。

7

将 **6** 如图放在擀平的紫色面皮中央。

9

完成后如图，保鲜膜包裹后冷冻最少1小时至完全变硬。

2

取一根竹签如图放在上方中间压紧。

4

完成后如图，冷冻15分钟，使其变硬。

6

取出 **4** 后移除竹签，用留下的少部分紫色面团填满竹签压出的空隙。

8

用紫色面皮将其前后包覆起来，滚圆。

完成

变硬后切片，厚度约0.5厘米，放入已预热烤箱以170℃烘烤12~15分钟，完成！

17

噗噗车

面团

白色 / 原味 —— 80 克
红色（大）/ 红曲 150 克
红色（小）/ 红曲 70 克

装饰

黑色糖霜
白色糖霜

分解图

面团

装饰

做法

1 将白色面团搓成 15 厘米长的圆柱。

3 将红色大面团搓成 15 厘米长的圆柱。

5 将红色小面团搓成 15 厘米长的圆柱。

7 将变硬的 **4** 取出，并把红色面皮覆盖在上方。

9 变硬后切片，厚度约 0.5 厘米，放入已预热烤箱，以 170℃烘烤 12～15 分钟。

2 将圆柱体再塑成长方体。

4 把 **3** 放进定型容器里，再把 **2** 放在红色圆柱上方，冷冻 15 分钟，使其变硬。

6 将 **5** 在保鲜膜上擀成 15 厘米 × 7 厘米红色面皮。

8 完成后如图，保鲜膜包裹后冷冻最少 1 小时使其完全变硬。

完成

用黑色糖霜画上眼睛，用白色糖霜画上嘴巴及腮红，完成！

面团			装饰
粉红色（大）/ 草莓	80 克	——	蛋白或水
粉红色（小）/ 草莓	70 克	——	黑色糖霜
浅棕色 / 肉桂	150 克	——	白色糖霜
			蓝色糖霜
			粉红色糖霜

入门

乔巴

分解图

面团

装饰

做法

1

将浅棕色面团搓成 15 厘米长的圆柱。

2

塑成上窄下宽的梯形。

3

完成后如图，冷冻 15 分钟，使其变硬。

4

将 80 克粉红面团搓成 15 厘米长的圆柱。

5

在保鲜膜上擀成 15 厘米 ×4 厘米大小，冷冻 15 分钟，使其变硬。

6

取出变硬的 **3** 后，在上方抹少许蛋白（或水）。

7

将变硬的 **5** 贴在已抹好蛋白（或水）的浅棕色梯形上方。

8

将 70 克粉红面团搓成长条，擀成 15 厘米 ×2 厘米大小。

乔巴

在 **8** 背面抹上少许蛋白（或水）。

将 **8** 贴在 **7** 的顶部，以保鲜膜包裹后冷冻最少 1 小时至完全变硬。

切成约 0.5 厘米薄片，放入已预热烤箱以 170℃烘烤 12 ～ 15 分钟。

用白色糖霜画上眼睛及帽子上的装饰。

等白色糖霜干后，用黑色糖霜画上眼珠及眉毛，用蓝色糖霜画上鼻子。

完成

用粉红色及黑色糖霜画上嘴巴，完成！

入门款都试做了吗？
接下来要进阶啦！

如同制作花样寿司，
将各种颜色、形状的面团组合，
经冷冻定形、切片烘烤及装饰，
缤纷香脆的小饼干就完成了！

超 人 气

 冰·盒·饼·干

Icebox Cookies 进阶

好吃！呱呱！

旦 | 面团

橘色（大）/ 黄金奶酪	40 克 ——
橘色（小）/ 黄金奶酪	20 克 ——
白色 / 原味	180 克 ——
黑色（2 小）/ 竹炭	各 20 克 ——

旦 | 装饰

蛋白或水
黑色糖霜
杏仁片

进阶

黄金蜂

分解图

面团

装饰

做法

1

将橘色、黑色共 4 个面团分别搓成 15 厘米长的长条。

2

将 40 克橘色长条放在最右边，如图和黑色面团交错排列粘紧，用保鲜膜包裹后冷冻 15 分钟，使其变硬。

3

将白色面团搓成 15 厘米长的圆柱。

4

将 **3** 在保鲜膜上擀成 15 厘米 × 14 厘米白色面皮。

5

将变硬的 **2** 放在白色面皮中央。

6

拉起保鲜膜，用白色面皮将 **2** 前后包覆起来。

7

完成后如图，保鲜膜包裹后冷冻最少 1 小时至完全变硬。

8

变硬后切片，厚度约 0.5 厘米。

9

烘烤前将杏仁片用蛋白（或水）贴上作为翅膀，放入已预热烤箱以 170℃烘烤 12 ~ 15 分钟。

完成

用黑色糖霜画上眼睛、触角、嘴巴，完成！

进阶

大鼻鸡

⌐| 面团

黄色（大）/ 南瓜或姜黄		110 克	
黄色（2 小）/ 南瓜或姜黄		各 25 克	
绿色 / 抹茶	——	130 克	
橘色 / 黄金奶酪	——	15 克	

⌐| 装饰

黑色糖霜

分解图

面团   装饰

做法

1

将橘色面团搓成 15 厘米长的长条，冷冻 15 分钟，使其变硬。

2

将黄色大面团搓成 15 厘米长的圆柱。

3

在保鲜膜上擀成 15 厘米 ×6 厘米黄色面皮。

4

将变硬的橘色长条放在黄色面皮中央。

5

用黄色面皮前后包覆橘色长条后滚圆，以保鲜膜包裹后冷冻 15 分钟，使其变硬。

6

将 2 个黄色小面团分别搓成 15 厘米长的长条。

7

把黄色长条贴在 **5** 的左右两边，以保鲜膜包裹后冷冻 30 分钟，使其变硬。

大鼻鸡

将绿色面团搓成 15 厘米长的圆柱。

在保鲜膜上擀成 15 厘米 × 14 厘米绿色面皮。

将变硬的 **7** 放在绿色面皮中央。

利用保鲜膜将绿色面皮前后包覆 **7** 。

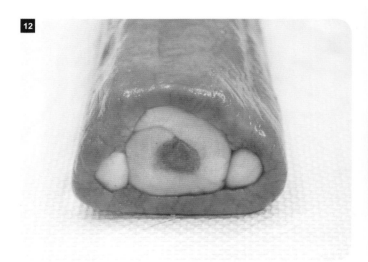

完成后，以保鲜膜包裹后冷冻最少 1 小时至完全变硬。

切片，厚度约 0.5 厘米，放入已预热烤箱以 170℃烘烤 12 ~ 15 分钟。

用黑色糖霜画出五官和双脚。

完成

大鼻鸡，完成！

宝贝球

面团

- 白色（大）/原味 **130克**
- 白色（小）/原味 **10克**
- 红色/红曲 —— **130克**
- 黑色（大）/竹炭 **25克**

装饰 蛋白或水

分解图

面团

做法

1

将白色小面团搓成15厘米长的长条，冷冻15分钟，使其变硬。

2

将黑色大面团搓成15厘米长的长条，在保鲜膜上擀成15厘米×4厘米的面皮。

3

将变硬的 **1** 放在黑色面皮中央。

4

拉起保鲜膜，用黑色面皮前后包覆白色长条后滚圆。

5

完成后，以保鲜膜包裹冷冻15分钟，使其变硬。

6

将白色大面团搓成15厘米长的圆柱。

7

在保鲜膜上擀成15厘米×5厘米白色面皮。

8

把变硬的 **5** 放在白色面皮中央。

9

拉起保鲜膜，用白色面皮前后包覆约一半。

10

完成后如图，冷冻 15 分钟，使其变硬。

11

将 2 个黑色小面团搓成 15 厘米长的长条，再擀成 15 厘米 ×2 厘米的大小。

12

将 2 个黑色长条抹少许蛋白（或水），粘在 **10** 上方的左右两侧，冷冻 15 分钟，使其变硬。

13

将红色大面团搓成 15 厘米长的圆柱。

14

在保鲜膜上擀成 15 厘米 ×5 厘米红色面皮，上方抹上少许蛋白（或水）。

15

将冰好的 **12** 取出，倒放在抹好蛋白（或水）的红色面皮上，并粘紧。

16

完成后如图，保鲜膜包裹后冷冻最少 1 小时至完全变硬。

17

变硬后切片，厚度约 0.5 厘米，放入预热烤箱以 170℃ 烘烤 12 ~ 15 分钟。

完成

出炉即完成！

红色 / 红曲 —— 200 克 ●

白色 / 原味 —— 150 克 ○

棕色 / 可可 —— 20 克 ●

黑色糖霜
白色糖霜

进阶

小·红帽浣熊

分解图

面团　　　　装饰

做法

1

将棕色面团搓成 15 厘米长的
长条。

2

捏起长条上方做成三角柱状，
冷冻 15 分钟，使其变硬。

3

把白色面团搓成 15 厘米长的
圆柱。

4

将变硬的 **2** 插入白色面团上方，冷冻 10 分钟，使其变硬。

5

把红色面团搓成 15 厘米长的
圆柱。

6

在保鲜膜上擀成 15 厘米 ×17
厘米的红色面皮。

小·红帽浣熊

将变硬的 4 放在擀平的红色面皮中央。

拉起保鲜膜,红色面皮将 4 前后包覆起来。

完成后,放入冷冻最少 1 小时至完全变硬。

切成约 0.5 厘米薄片,放入已预热烤箱以 170℃烘烤 12 ~ 15 分钟。

用黑色糖霜画上眼睛。

用黑色糖霜画上鼻子及嘴巴。

完成

用白色糖霜装饰帽子,完成!

⌐⌐ | 面团

黄色（2个）/南瓜或姜黄
—— 各 90 克

白色 / 原味
—— 50 克

黑色（大）/ 竹炭
—— 70 克

黑色（2小）/ 竹炭
—— 各 15 克

⌐⌐ | 装饰　蛋白或水
黑色糖霜

⌐⌐ | 分解图

面团

装饰

⌐⌐ | 做法

1
将白色面团搓成 15 厘米长的圆柱。

2
放进定型容器里，冷冻 15 分钟，使其变硬。

3
将 70 克黑色面团搓成 15 厘米长的圆柱。

4
在保鲜膜上擀成 15 厘米 ×8 厘米黑色面皮。

5
将变硬的 **2** 放在黑色面皮中央。

6
拉起保鲜膜，用黑色面皮前后包覆白色圆柱后滚圆。

7
完成后如图。

8
放进定型容器里，冷冻 15 分钟，使其变硬。

9
把 2 个黄色面团搓成 15 厘米长的圆柱。

10
分别在保鲜膜上擀成 15 厘米 ×5 厘米大小。

11

把变硬的 **8** 放在 **10** 其中一片的中央。

12

拉起保鲜膜将 **10** 包住部分的 **8** ，放进定型容器里，冷冻15分钟，使其变硬。

13

将2个15克黑色面团搓成15厘米 ×1厘米圆柱条。

14

将2个圆柱条略压成长条状。

15

在变硬的 **12** 黄色面团上方抹上蛋白（或水）。

16

粘上 **14** 的黑色长条。

17

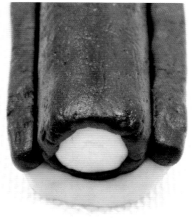

左右两边做法相同，再放入冷冻15分钟，使其变硬。

18

在 **10** 的另一片黄色面皮抹上蛋白（或水），粘在 **17** 上方。

19

完成如图的圆柱后，冷冻最少1小时至完全变硬。

20

变硬后切片，厚度约0.5厘米，放入已预热烤箱以170℃烘烤12 ～ 15分钟。

完成

用黑色糖霜画上眼睛、头发、嘴巴，完成！

🔲 | 面团

白色 / 原味	——	140 克	⚪
橘色（大）/ 黄金奶酪		180 克	⚫
橘色（2 小）/ 黄金奶酪		各 20 克	⚫⚫

🔲 | 装饰

蛋白或水
粉红色糖霜
黑色糖霜
白色糖霜

进阶

胖胖猫

⌐┘ | 分解图

面团　　　**装饰**

⌐┘ | 做法 -

1

将白色面团搓成 15 厘米长的圆柱。

2

将竹筷放在圆柱体左边 1/3 处，用左手往下压，右手慢慢往上推。

3

另取竹筷放在圆柱体右边 1/3 处，右手固定后，利用左手慢慢往右推，捏出像火焰的脸部造型。

4

完成后如图所示，再放冷冻 15 分钟，使其变硬。

5

将 2 个橘色小面团分别搓成 15 厘米长的长条。

6
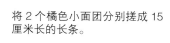

捏起长条上方做成三角柱状，冷冻 15 分钟，使其变硬。

7

将橘色大面团搓成 15 厘米长的圆柱。

8

用擀面棍擀成 15x10 厘米橘色面皮。

9

把变硬的 **4** 竹筷移除后，将橘色面皮如图铺在上方。

胖胖猫

10 将变硬的 **6** 取出并在背后沾上少许蛋白（或水）。

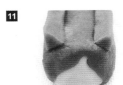

11 分别粘在 **9** 上方左右的两侧当耳朵，保鲜膜包裹后冷冻最少 1 小时至完全变硬。

12 切片，厚度约 0.5 厘米。

13 在右耳的右边用刀子切去一个小三角形。

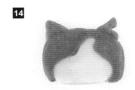

14 放入已预热烤箱以 170℃烘烤 12 ~ 15 分钟。

15 用粉红色糖霜画上双耳。

16 用白色糖霜画上眼睛。

17 用黑色糖霜画上嘴巴跟鼻子。

18 用粉红色糖霜画上舌头。

19 等白色糖霜干后，用黑色的糖霜画上眼珠。

完成

用黑色糖霜画出嘴巴下方，完成！

米奇米妮

◰ | 面团

白色（大）/ 原味	90 克
白色（2 小）/ 原味	各 30 克
黑色（大）/ 竹炭	80 克
黑色（2 小）/ 竹炭	各 30 克

- - - - - - - - - - - - - - - - - - -

◰ | 装饰　蛋白或水
　　　　黑色糖霜
　　　　白色糖霜
　　　　红色翻糖

- - - - - - - - - - - - - - - - - - -

◰ | 分解图

面团

装饰

◰ | 做法 -

1

将白色大面团搓成 15 厘米长的圆柱。

2

稍微压扁成椭圆柱体，冷冻 15 分钟，使其变硬。

3

将 2 个 30 克白色面团分别搓成 15 厘米长的长条。

4

稍微压扁成椭圆形。

5

抹少许蛋白（或水）如图直立粘在变硬的 **2** 上方，冷冻 15 分钟，使其变硬。

6

将黑色大面团搓成 15 厘米长的圆柱。

7

用擀面棍擀成 15 厘米 ×6 厘米黑色面皮。

8

将黑色面皮贴在变硬的 **5** 上方。

9

粘紧后用保鲜膜包裹，冷冻 15 分钟，使其变硬。

10

将 2 个 30 克黑色面团搓成 15 厘米长的长条，冷冻 15 分钟，使其变硬。

11

粘着面抹少许蛋白（或水），
粘在 **9** 上方左右两侧。

12

粘紧后如图，再用保鲜膜包
裹后冷冻最少 1 小时至完全
变硬。

13

变硬后切片，厚度约 0.5 厘米，
放入已预热烤箱以 170℃烘烤
12 ~ 15 分钟。

14

烘烤后用黑色糖霜画上眼睛及
鼻子。

米奇完成

米奇完成！

15

接续完成的米奇，用牙签沾取
少许的黑色糖霜。

16

在眼睛外侧上方画出睫毛。

17

用红色翻糖做出蝴蝶结（做法
请见 77 页），背后涂上白色
糖霜粘在两耳中间。

米妮完成

用白色糖霜装饰蝴蝶结，米妮
完成！

面团

绿色（大）/ 抹茶	120 克 ——		
绿色（2小）/ 抹茶	各 30 克 ——		
黑色（2小）/ 竹炭	各 7 克 ——		
白色（大）/ 原味	120 克 ——		
白色（2小）/ 原味	各 15 克 ——		

装饰

蛋白或水
黑色糖霜

进阶

青蛙

⊡ | 分解图

⊡ | 做法 ---------------

面团　　　**装饰**

1

2个黑色小面团搓成15厘米长的长条，冷冻15分钟，使其变硬。

2

2个白色小面团搓成15厘米长的长条，在保鲜膜上擀成15厘米×2厘米面皮。

3

把变硬的黑色长条放在15克白色面皮中间，拉起保鲜膜前后包覆起来。

4

完成后如图，冷冻15分钟，使其变硬。

5

2个绿色小面团搓成15厘米长的长条，在保鲜膜上擀成15厘米×4厘米面皮。

6

把变硬的 **4** 放在绿色面皮中央，拉起保鲜膜前后包覆起来。

7

完成后如图，冷冻15分钟，使其变硬。

8

将120克绿色面团、120克白色面团分别搓成15厘米长的圆柱。

青蛙

分别塑成如图的半圆柱状。

把半圆柱绿色面团、白色面团中间抹上蛋白（或水）组合成一个圆柱。

把变硬的 **7** 背后抹上蛋白（或水）。

如图贴在 **10** 绿色面团上方，保鲜膜包裹后冷冻最少 1 小时至完全变硬。

切成 0.5 厘米薄片，放入已预热烤箱以 170℃烘烤 12 ~ 15 分钟。

完成

烘烤后再利用黑色糖霜画上鼻孔，完成！

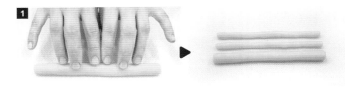

将 3 个白色面团分别搓成 15 厘米长的长条。

┌┘ | 面团

白色（大）/ 原味 25 克

白色（2 小）/ 原味 各 10 克

黑色（大）/ 竹炭 200 克

黑色（2 小）/ 竹炭 各 25 克

┌┘ | 装饰 蛋白或水
黑色糖霜
白色糖霜
红色糖霜

┌┘ | 分解图

面团

装饰

大的白色长条压成椭圆状，再将 3 个长条放入冷冻 15 分钟，使其变硬。

将黑色大面团搓成 15 厘米长的圆柱。

在保鲜膜上擀成 15 厘米 ×9 厘米黑色面皮。

把变硬的白色椭圆长条放在黑色面皮中央。

拉起保鲜膜将黑色面皮前后包覆白色长条，再滚圆。

完成后如图，放入冷冻 15 分钟，使其变硬。

2 个黑色小面团分别搓成 15 厘米长的长条。

在保鲜膜上擀成 15 厘米 ×4 厘米黑色面皮。

把变硬的 10 克白色长条，放在擀平的黑色面皮中央。

拉起保鲜膜把黑色面皮前后包覆白色长条，滚圆，冷冻 15 分钟，使其变硬。

取出 11，在接缝处沾上蛋白（或水）。

将 12 粘在变硬的 7 上方左右，保鲜膜包裹后冷冻最少 1 小时至完全变硬。

切 0.5 厘米薄片，放入已预热烤箱以 170℃烘烤 12 ~ 15 分钟。

烘烤后用白色糖霜画上眼睛及眉毛。

用红色糖霜画上腮红。

完成

眼睛干后，再用黑色糖霜画上眼珠、鼻子和嘴巴，完成！

51

草莓

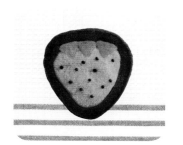

面团

棕色／可可 120 克

粉红色／草莓 150 克

绿色（3 个）／抹茶

—— 各 10 克

装饰 黑色糖霜

分解图

面团

装饰

做法

1

将 3 个绿色面团搓成 15 厘米长的长条。

2

捏起长条上方做成三角柱状。

3

3 个面团做法相同并放入冷冻 15 分钟，使其变硬。

4

粉红面团搓成 15 厘米长的圆柱。

5

用手指将其塑形成草莓的三角形。

6

将变硬的 **3** 尖角插入粉红面团的上方做叶子。

7

完成后如图，再放入冷冻 15 分钟，使其变硬。

8

将棕色面团搓成 15 厘米长的圆柱。

草莓

在保鲜膜上擀成 15 厘米 ×12
厘米棕色面皮。

把变硬的 **7** 如图放在棕色面
皮中央。

拉起保鲜膜，用棕色面皮前后
包覆起来。

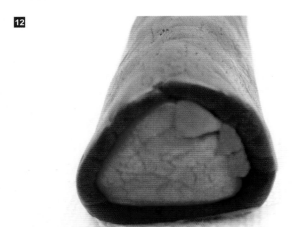

完成后如图，保鲜膜包裹后冷冻最少 1 小时至完全变硬。

变硬后切片，厚度约 0.5 厘米，
放入已预热烤箱以 170℃烘烤
12 ~ 15 分钟。

完成

用黑色糖霜画上草莓籽，
完成！

可可熊

面团

棕色（大）/可可	100 克
棕色（2 小）/可可	各 15 克
白色（大）/原味	150 克
白色（中）/原味	20 克
白色（小）/原味	10 克

- - - - - - - - - - - - - - - - - - -

装饰　蛋白或水
　　　　黑色糖霜

- - - - - - - - - - - - - - - - - - -

分解图

面团

装饰

做法 - - - - - - - - - - - - - - - - - - -

1

将 20 克白色面团搓成 15 厘米长的长条。

2

放进定型容器里，冷冻 15 分钟，使其变硬。

3

将棕色大面团搓成 15 厘米长的圆柱。

4

在保鲜膜上擀成 15 厘米 ×7 厘米棕色面皮。

5

将变硬的 **2** 放在擀平的棕色面皮中央。

6

拉起保鲜膜，用棕色面皮前后包覆白色长条后滚圆。

7

放进定型容器里，冷冻 15 分钟，使其变硬。

8

将 10 克白色面团、2 个 15 克棕色面团都搓成 15 厘米长的长条。

9

10 克原味长条面团蛋白（或水）后，粘在 **7** 上方中间。

10

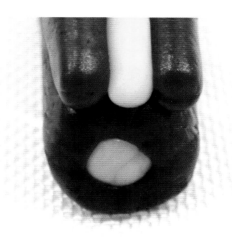

2 个 15 克棕色长条面团沾蛋白（或水）粘在 **9** 左右两边，保鲜膜包裹后冷冻 15 分钟，使其变硬。

11

将白色大面团搓成 15 厘米长的圆柱。

12

在保鲜膜上擀成 15 厘米 × 14 厘米白色面皮。

13

把变硬的 **10** 放在擀平的白色面皮中央。

14

拉起保鲜膜，用白色面皮前后包覆完成后滚圆。

15

完成后如图，保鲜膜包裹后冷冻最少 1 小时至完全变硬。

16

变硬后切片，厚度约 0.5 厘米，放入已预热烤箱以 170℃烘烤 12 ～ 15 分钟。

完成

用黑色糖霜画上眼睛、鼻子、嘴巴，完成！

进阶

懒熊妹

🔲 分解图

装饰

面团

🔲 做法

1

浅棕色面团搓成 15 厘米长的
长条。

2

放进定型容器里，冷冻 15 分
钟，使其变硬。

3

将 2 个粉红小面团都搓成 15
厘米长的长条，冷冻 15 分钟，
使其变硬。

4

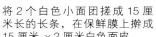

将 2 个白色小面团搓成 15 厘
米长的长条，在保鲜膜上擀成
15 厘米 ×2 厘米白色面皮。

5

把变硬的 **3** 放在白色面皮中
央，用白色面皮前后包覆后
滚圆。

6

完成后如图，冷冻 15 分钟，
使其变硬。

7

将白色大面团搓成 15 厘米长
的圆柱。

8

在保鲜膜上擀成 15 厘米 ×7
厘米白色面皮。

9

把变硬的 **2** 放在白色面皮中
央，用白色面皮前后包覆后
滚圆。

懒熊妹 ---

完成后如图，放进定型容器里，冷冻 15 分钟，使其变硬。

将橘色小面团搓成 15 厘米长的长条。

把橘色长条放在 10 上方中间。

将变硬的 6 放在橘色长条的左右两侧粘紧，保鲜膜包裹后冷冻 15 分钟，使其变硬。

将橘色大面团搓成 15 厘米长的圆柱。

在保鲜膜上擀成 15 厘米 × 14 厘米的面皮。

把变硬的 13 放在橘色面皮中央。

拉起保鲜膜，用橘色面皮前后包覆，并塑形成长方体。

完成后如图，保鲜膜包裹后冷冻最少 1 小时至完全变硬。

变硬后切片，厚度约 0.5 厘米，放入已预热烤箱以 170℃烘烤 12 ~ 15 分钟。

烘烤后，利用黑色糖霜画上眼睛。

完成

用黑色糖霜画上鼻子及嘴巴，完成！

圆仔

面团

白色（大）/原味	160 克
白色（中）/原味	90 克
白色（2 小）/原味	各 10 克
黑色（大）/竹炭	50 克
黑色（2 小）/竹炭	各 20 克

装饰　蛋白或水
黑色糖霜

分解图

面团

装饰

做法

1

将 2 个白色小面团搓成 15 厘米长的长条，冷冻 15 分钟。

3

把变硬的白色小长条分别放在擀平的黑色面皮中央。

5

完成后如图，放入冷冻 15 分钟，使其变硬。

7

用手指塑形成三角柱状。

2

将 2 个黑色小面团搓成 15 厘米长的长条，在保鲜膜上擀成 15 厘米 ×3 厘米的大小。

4

用黑色面皮前后包覆白色长条后滚圆，2 个做法相同。

6

将 90 克白色面团搓成 15 厘米长的圆柱。

8

将变硬的 **5** 贴在三角柱的左右两边。

9

完成后如图，保鲜膜包裹后冷冻 15 分钟。

10 将白色大面团搓成 15 厘米长的圆柱，在保鲜膜上擀成 15 厘米 ×14 厘米的大小。

11 把变硬的 **9** 放在擀平的白色面皮中央，用黑色面皮前后包覆起来滚圆。

12 完成后如图，放入冷冻 15 分钟，使其变硬。

13 将黑色大面团搓成 15 厘米长的圆柱。

14 放进定型容器里，冷冻 15 分钟，使其变硬。

15 变硬后对切剖半。

16 将 2 个半圆形切面抹少许蛋白（或水）后，贴在 **12** 上方的左右两侧。

17 完成后如图，保鲜膜包裹后冷冻最少 1 小时至完全变硬。

18 切成厚 0.5 厘米薄片，放入已预热烤箱以 170℃烘烤 12 ～ 15 分钟。

19 用黑色糖霜画上眼睛。

完成 用黑色糖霜画上鼻子及嘴巴，完成！

面团			装饰
粉红色（大）/ 草莓	80 克——		蛋白或水
粉红色（2 小）/ 草莓	各 20 克——		黑色糖霜
白色（大）/ 原味	180 克——		
白色（小）/ 原味	10 克——		

进阶

草莓兔

分解图

装饰

面团

做法

1

将粉红大面团搓成 15 厘米长的圆柱。

2

塑形成椭圆状，冷冻 10 分钟，使其变硬。

3

将 2 个粉红小面团搓成 15 厘米长的长条。

4

将白色小面团，搓成 15 厘米长的长条。

5

将白色长条沾蛋白或水后粘在 **2** 上方。

6

把 **3** 沾蛋白或水粘在白色长条的左右两边，保鲜膜包裹后冷冻 15 分钟。

7

将白色大面团留下少许部分，其余搓成 15 厘米长的圆柱。

8

在保鲜膜上擀成 15 厘米 × 14 厘米白色面皮。

草莓兔

把留下少部分白色面团铺在冻硬的 **6** 上方。

把 **9** 如图放在擀平的白色面皮中央。

拉起保鲜膜，用白色面皮前后包裹起来。

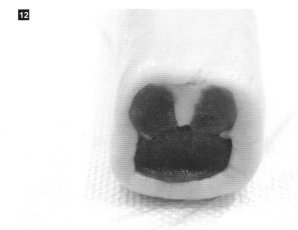

完成后如图长方体，保鲜膜包裹后冷冻最少 1 小时至完全变硬。

变硬后切片，厚度约 0.5 厘米，放入已预热烤箱以 170℃烘烤 12 ～ 15 分钟。

用黑色糖霜画上眼睛。

利用黑色糖霜画上嘴巴。

完成

草莓兔，完成！

超 人 气

压 ✦ 模 ✦ 饼 ✦ 干
Rolled Cookies

冰盒饼干剩余面团不烦恼，
利用饼干模具压出动物轮廓，烘烤放凉加上创意装饰，
能联系家人朋友情感的小礼物完成！

向日葵

⊓ | **面团**

棕色 / 可可   剩余的

白色 / 原味   剩余的

- - - - - - - - - - - - - - - -

⊓ | **分解图**

面团

装饰

⊓ | **使用模具** -

有波浪边缘的圆形模具
小的圆形模具（例如花嘴的另一面）

⊓ | **做法** -

1

擀平剩余的白色面团，厚度约0.5厘米，用有波浪边缘的模具压出形状。

2

用小的圆形模具在中间挖出一个洞。

3

利用同一个模具在棕色面团压出一个圆。

4

把 **3** 的圆放在 **2** 的中间，接缝处的地方用手稍微压紧。

5

用叉子在中间戳洞当作花蕊。

6

用叉子背部如图压出花瓣的纹路，放入预热烤箱以 170℃ 烘烤 15 ~ 20 分钟，至表面呈现金黄色，出炉即可。

面团

剩余的面团皆可

装饰

蛋白或水
黑色糖霜
粉红色糖霜
苦甜巧克力
竹棒

分解图

面团

装饰

使用模具

小熊

做法

1

擀平剩余面团，厚度约 0.3 厘米，用小熊模具压出形状。

3

用蛋白（或水）如图粘上吻部，以手指稍微压紧。

5

出炉后完全放凉才可进行装饰，先用黑色糖霜画上眼睛、鼻子。

7

利用隔水加热苦甜巧克力至融化。

9

利用竹棒稍微抹开巧克力，饼干边缘留约 0.5 厘米空隙不要抹。

2

取少许面团搓成椭圆形当作吻部。

4

2 片为一组，有吻部的为正面，放入已预热烤箱以 170℃烘烤 12 ~ 15 分钟。

6

用粉红色糖霜画上腮红，等糖霜干后再进行中间夹心组合。

8

用汤匙将巧克力涂在没有装饰的饼干中间，不要涂太多避免溢出来。

完成

在有吻部的饼干背面沾上少许巧克力，把竹棒粘在 2 片饼干中间，完成！

面团	装饰
橘色 / 黄金奶酪 剩余的	黑色糖霜
	白色糖霜
使用模具	黄色糖霜
	苦甜巧克力
小熊	竹棒

万圣熊棒

🏳 | 分解图

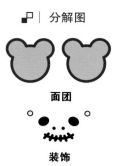

面团

装饰

🏳 | 做法 ------------------------------

1

擀平剩余橘色面团，厚度约 0.3 厘米，用小熊模具压出形状，2 片一组，放入已预热烤箱，以 170℃烘烤 15 分钟。

2

完全放凉才可进行装饰，用黑色糖霜画上眼睛的轮廓，再把眼睛中间填满。

3

用牙签把眼睛表面不平整的地方抹平后，用黑色糖霜画上嘴巴。

4

用黑色糖霜画上嘴巴缝线与鼻孔。

5

用黄色糖霜画上耳朵，等糖霜干后再进行中间夹心组合。

6

隔水加热苦甜巧克力至融化。

7

用汤匙将巧克力涂在没有装饰的饼干中间，不要涂太多避免溢出来。

8

利用竹棒稍微抹开巧克力，饼干边缘留约 0.5 厘米空隙不要抹。

完成

在有装饰的饼干背面沾上少许巧克力，把竹棒粘在 2 片饼干中间，完成！

万圣熊棒

⌐₽ 其他表情画法 A 款

1

用黑色糖霜画出眼睛的轮廓。

2

用黑色糖霜填满眼睛。

3

用牙签把表面不平整的地方抹平。

4

同 **1** ~ **3** 方法，用黑色糖霜画出嘴巴。

完成

用黄色糖霜画上耳朵。

⌐₽ 其他表情画法 B 款

1

同 A 款 **1** ~ **3** 方法，用黑色糖霜画出眼睛。

2

用白色糖霜画上吻部与头上的装饰。

3

用黄色糖霜画上耳朵。

完成

等白色糖霜干后，用黑色糖霜画出鼻子与头上的装饰。

面团

白色 / 原味　　剩余的

装饰
棕色糖霜
白色糖霜
黑色糖霜
红色翻糖

分解图

面团　　　　**装饰**

使用模具

长颈鹿

做法 -

1

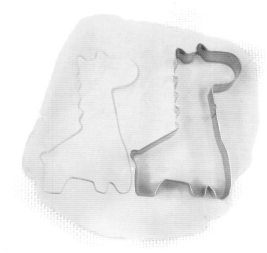

擀平剩余的白色面团，厚度约 0.5 厘米，用长颈鹿模具压出形状。放入已预热烤箱，以 170℃烘烤 15 ~ 20 分钟，至表面呈现金黄色，完全放凉才可装饰。

2

用棕色糖霜画上耳朵。

3

用棕色糖霜画出背上的鬃毛轮廓并填满。

4

用牙签把表面不平整的地方抹平。

5

同 **3** 、 **4** 方法，用棕色糖霜画出长颈鹿的蹄。

6

用棕色糖霜在身体上画出不规则的斑点，再用牙签抹平。

7

用黑色糖霜画上眼睛。

8

同 **3** 、 **4** 方法，用白色糖霜
画出嘴巴。

9

白色糖霜完全干后，再用黑色
糖霜点上鼻孔。

完成

将红色翻糖蝴蝶结用白色糖霜粘在脖子上，完成！

市售翻糖模具操作方法

1

使用一般市售硅胶翻模。

2

洒上玉米粉并倒出多余的粉
后，在蝴蝶结棋具内填入红色
翻糖。

3

弯曲模具，让蝴蝶结翻糖脱模，
完成！

面团

棕色 / 可可　　剩余的

白色 / 原味　　剩余的

装饰

蛋白或水、白色糖霜、黑色糖霜、烤过的杏仁果、小糖花

使用模具

松鼠 4 件组
（以下用 a、b、c 分别称呼）

进阶

淘气松鼠

分解图

面团　　**装饰**

做法

1

擀平剩余的白色面团，厚度约0.4厘米，用模具a压出脸部形状。

2

擀平剩余的棕色面团，厚度约0.4厘米，用模具b压出形状。

3

把模具b如图放在压好的 **2** 上面。

4

移除中间部分，如图留下上下两部分。

5

将压好的 **1** 放在 **4** 中间如图拼起来。

6

接缝处需用手指压紧，防止烘烤时断裂。

7

擀平剩余的棕色面团，厚度约0.2厘米，用模具c压出小手。

8

小手沾蛋白（或水）如图粘在脸颊下方的左右两侧，放入已预热烤箱，以170℃烘烤15分钟，至表面呈现金黄色，完全放凉才可装饰。

淘气松鼠

⌐┐ 男生装饰

9 用白色糖霜画上头发、手、尾巴。

10 用黑色糖霜画上倒三角形的鼻子、眼睛、嘴巴。

11 用粉红色糖霜画上腮红。

12 待眼睛干后，用白色糖霜在鼻上点一个白点并画上眼珠。

完成

将烤过的杏仁果背面涂上白色糖霜，粘在松鼠的肚子上，完成！

⌐┐ 女生装饰

9 用白色糖霜画上头发、手，并沿着肚子的接缝处画上一条曲线。

10 用白色糖霜画上蕾丝裙、尾巴。

11 用黑色糖霜画上眼睛、鼻子、嘴巴。

12 用粉红色糖霜画上腮红。

13 待眼睛干后，用白色糖霜画上眼珠并在鼻子点上白点。

14 用小镊子将小糖花背面沾白色糖霜，如图粘在头上。

15 用白色糖霜在小糖花中间画上花蕊。

完成

将烤过杏仁果背面涂上白色糖霜，粘在松鼠的肚子上，完成！

万圣松鼠

面团

棕色 / 可可　　剩余的

白色 / 原味　　剩余的

简饰

白色糖霜
黑色糖霜
粉红色糖霜
白色巧克力
橘色食用色膏
烤过的杏仁果

分解图

面团　　　　装饰

使用模具

松鼠 4 件组
（以下用 a、b、c 分别称呼）

做法

1

同"淘气松鼠" **1** ～ **8** 。

2

用白色糖霜画上头发、手、尾巴。

3

用黑色糖霜画上倒三角形鼻子、眉毛、眼睛、嘴巴、牙齿。

4

用粉红色糖霜画上腮红。

5

隔水加热融化白色巧克力。

6

完全融化后加入橘色食用色膏搅拌均匀。

7

把烤好的杏仁果沾满橘色巧克力。

8

将 **7** 放在保鲜膜上，冷冻 3 分钟使巧克力凝固，使其变硬。

9

凝固后，用黑色糖霜在杏仁果上装饰表情。

完成

用白色糖霜把装饰好的杏仁果粘在肚子上，完成！

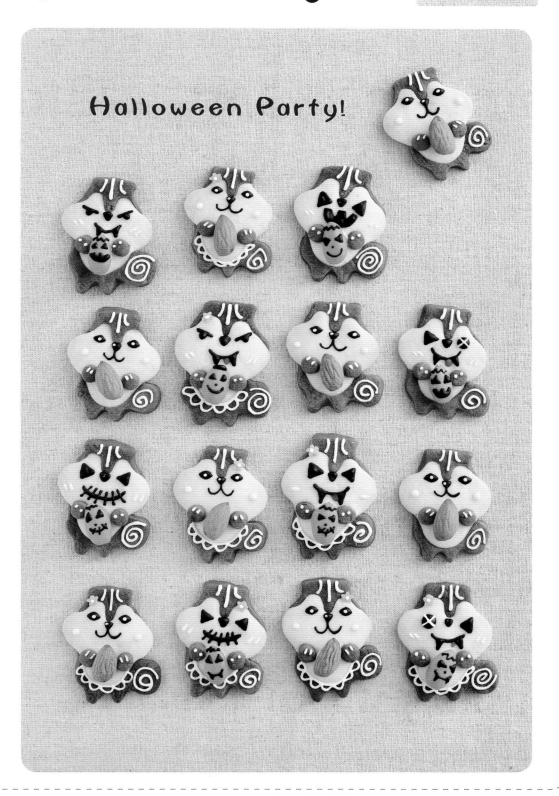

图书在版编目（CIP）数据

冰盒造型饼干 / 赖琬茹主编 . -- 哈尔滨：黑龙江
科学技术出版社，2018.10
ISBN 978-7-5388-9842-2

Ⅰ . ①冰… Ⅱ . ①赖… Ⅲ . ①饼干－制作 Ⅳ .
① TS213.22

中国版本图书馆 CIP 数据核字 (2018) 第 185943 号

冰 盒 造 型 饼 干
BINGHE ZAOXING BINGGAN

作　　者	赖琬茹	
项目总监	薛方闻	
责任编辑	马远洋	
策　　划	深圳市金版文化发展股份有限公司	
封面设计	深圳市金版文化发展股份有限公司	
出　　版	黑龙江科学技术出版社	
	地址：哈尔滨市南岗区公安街 70-2 号　　邮编：150007	
	电话：（0451）53642106　传真：（0451）53642143	
	网址：www.lkcbs.cn	
发　　行	全国新华书店	
印　　刷	深圳市雅佳图印刷有限公司	
开　　本	723 mm × 1020 mm　1/16	
印　　张	6	
字　　数	80 千字	
版　　次	2018 年 10 月第 1 版	
印　　次	2018 年 10 月第 1 次印刷	
书　　号	ISBN 978-7-5388-9842-2	
定　　价	35.00 元